**Bibliografische Information der Deutschen Nationalbibliothek:**

Die Deutsche Bibliothek verzeichnet diese Publikation in der Deutschen National-
bibliografie; detaillierte bibliografische Daten sind im Internet über http://dnb.d-
nb.de/ abrufbar.

**Impressum:**

Copyright © 2017 GRIN Verlag
Druck und Bindung: Books on Demand GmbH, Norderstedt Germany
ISBN: 9783668709607

**Dieses Buch bei GRIN:**

https://www.grin.com/document/426778

**Patrick Hemker**

# Behinderungen bei der Bauleistung auf Baustellen gemäß VOB/B

GRIN Verlag

**GRIN - Your knowledge has value**

Der GRIN Verlag publiziert seit 1998 wissenschaftliche Arbeiten von Studenten, Hochschullehrern und anderen Akademikern als eBook und gedrucktes Buch. Die Verlagswebsite www.grin.com ist die ideale Plattform zur Veröffentlichung von Hausarbeiten, Abschlussarbeiten, wissenschaftlichen Aufsätzen, Dissertationen und Fachbüchern.

**Besuchen Sie uns im Internet:**

http://www.grin.com/

http://www.facebook.com/grincom

http://www.twitter.com/grin_com

Vertiefungsprojekt im Studiengang Projektmanagement Bau

# Behinderung gemäß

# VOB/B

Patrick Hemker

Landesbergen / 2017

**Gliederung**

1. Einleitung

2. Gesetzliche Grundlagen VOB/B § 6

3. Ursachen der Behinderungen nach VOB/B

4. Unterschied zwischen Behinderung und Unterbrechung.

5. Folgen einer Behinderung

    5.1. für den Auftraggeber

    5.2. für den Auftragnehmer

6. Behinderungsanzeige

7. Präventionsmaßnahmen zur Verhinderung

    7.1. Auf Seite der Auftragnehmer

    7.2. Auf Seite der Auftraggeber

8. Fazit

## 1. Einleitung

Auf einer Vielzahl von Baustellen kommt es immer wieder zu Behinderungen bei der Ausführung der Bauleistungen. Diese Behinderungen beeinträchtigen den geplanten und kalkulierten Ablauf des Bauvorhabens mal mehr und mal weniger. Wenn es zu einer Störung in Form einer Behinderung oder Unterbrechung kommt hat der Auftragnehmer zahlreiche Ansprüche, die er mit § 6 VOB/B oder den in § 6 VOB/B genannten Reglungen wie § 642 BGB geltend machen kann. (Vgl. Zanner, Saalbach und Viering,: Rechte aus gestörtem Bauablauf nach Ansprüchen, Springer Vieweg, Wiesbaden 2014, S. 21)

Das Standardwerk zum Thema Behinderung gemäß VOB/B ist nach wie vor das Buch „Vergütung Nachträge und Behinderungsfolgen beim Bauvertrag" von Prof. Dr. jur. Klaus D. Kapellmann und Univ.-Prof. Dr.-Ing. Karl-Heinz Schiffers, in dem das Thema ausführlich bearbeitet und belegt wird.

Aufgrund des umfangreichen Themas welches die Behinderung gemäß VOB/B nach genauer Betrachtung hervorbringt ist es das Hauptziel der folgenden Arbeit, dem Leser ein Grundverständnis über das Thema zu verschaffen. Die vorliegende Arbeit gliedert sich in sechs große Kapitel: Im ersten Kapitel wird erklärt, wie sich der § 6 der VOB/B zusammensetzt und was die einzelnen Absätze des Paragrafen regeln. Das zweite Kapitel beschäftigt sich mit der Definition einer Behinderung gemäß VOB/B. Hier wird vor allem dem Leser verdeutlicht, was überhaupt eine Behinderung gemäß VOB/B ist, wie sie zu erkennen ist und wodurch sie verursacht wird. Das Kapitel drei klärt welche Rechte und Pflichten im Falle einer Behinderung oder Unterbrechung einzuhalten sind um Ansprüche geltend zu machen. Kapitel vier, fünf und sechs erläutern die Ansprüche des Auftragnehmers auf Fristverlängerung, Schadensersatz oder Entschädigung und den Anspruch auf vorläufige Abrechnung während einer Unterbrechung.

## 2. Gesetzliche Grundlage gemäß § 6 VOB/B

§ 6 der VOB/B Behinderung und Unterbrechung der Ausführung lautet wie folgt:

„(1) [1] Glaubt sich der Auftragnehmer in der ordnungsgemäßen Ausführung der Leistung behindert, so hat er es dem Auftraggeber unverzüglich schriftlich anzuzeigen. [2] Unterlässt er die Anzeige, so hat er nur dann Anspruch auf Berücksichtigung der hindernden Umstände, wenn dem Auftraggeber offenkundig die Tatsache und deren hindernde Wirkung bekannt waren.

(2)   1.    Ausführungsfristen werden verlängert, soweit die Behinderung verursacht ist:

         a)     durch einen Umstand aus dem Risikobereich des Auftraggebers,

b)   durch Streik oder eine von der Berufsvertretung der Arbeitgeber angeordnete Aussperrung im Betrieb des Auftragnehmers oder in einem unmittelbar für ihn arbeitenden Betrieb,

c)   durch höhere Gewalt oder andere für den Auftragnehmer unabwendbare Umstände.

2.   Witterungseinflüsse während der Ausführungszeit, mit denen bei Abgabe des Angebots normalerweise gerechnet werden musste, gelten nicht als Behinderung.

(3) [1] Der Auftragnehmer hat alles zu tun, was ihm billigerweise zugemutet werden kann, um die Weiterführung der Arbeiten zu ermöglichen. [2] Sobald die hindernden Umstände wegfallen, hat er ohne weiteres und unverzüglich die Arbeiten wieder aufzunehmen und den Auftraggeber davon zu benachrichtigen.

(4) Die Fristverlängerung wird berechnet nach der Dauer der Behinderung mit einem Zuschlag für die Wiederaufnahme der Arbeiten und die etwaige Verschiebung in eine ungünstigere Jahreszeit.

(5) Wird die Ausführung für voraussichtlich längere Dauer unterbrochen, ohne dass die Leistung dauernd unmöglich wird, so sind die ausgeführten Leistungen nach den Vertragspreisen abzurechnen und außerdem die Kosten zu vergüten, die dem Auftragnehmer bereits entstanden und in den Vertragspreisen des nicht ausgeführten Teils der Leistung enthalten sind.

(6) [1] Sind die hindernden Umstände von einem Vertragsteil zu vertreten, so hat der andere Teil Anspruch auf Ersatz des nachweislich entstandenen Schadens, des entgangenen Gewinns aber nur bei Vorsatz oder grober Fahrlässigkeit. [2] Im Übrigen bleibt der Anspruch des Auftragnehmers auf angemessene Entschädigung nach § 642 BGB unberührt, sofern die Anzeige nach Absatz 1 Satz 1 erfolgt oder wenn Offenkundigkeit nach Absatz 1 Satz 2 gegeben ist.

(7) [1] Dauert eine Unterbrechung länger als 3 Monate, so kann jeder Teil nach Ablauf dieser Zeit den Vertrag schriftlich kündigen. [2] Die Abrechnung regelt sich nach den Absätzen 5 und 6; wenn der Auftragnehmer die Unterbrechung nicht zu vertreten hat, sind auch die Kosten der Baustellenräumung zu vergüten, soweit sie nicht in der Vergütung für die bereits ausgeführten Leistungen enthalten sind."

(VOB/B, § 6 Abs. 1 - 7)

Die im Bauvertrag nicht geregelten vorausschaubaren oder vorausgesetzten Störungen des Leistungsablaufs werden durch den § 6 der VOB/B festgesetzt. Dieser legt Rechte und Pflichten beider Parteien in der Zeit des gestörten Leistungsablaufs fest. Zudem werden auch die zeitlichen und finanziellen Folgen während der Störung bzw. der Behinderung festgelegt. (Vgl. Kapellmann und Schiffers: Vergütung, Nachträge und Behinderungsfolgen beim Bauvertrag, Band 1: Einheitspreisvertrag, 6. Auflage, Werner Verlag, Köln 2011, S. 562 – 563)

Gemäß § 6 Abs. 1 VOB/B muss der Auftragnehmer eine Behinderung anzeigen. Fälle in denen deutlich ist, dass die Anzeige nicht notwendig ist, weil die Störung bzw. die Behinderung und deren Auswirkungen nicht zu übersehen sind, das heißt offenkundig sind, müssen nicht angezeigt werden. Diese Pflicht der Anzeige gilt auch bei § 642 BGB. (Vgl. ebda)

In § 6 Abs. 2 VOB/B werden die zeitlichen Folgen einer Behinderung oder Störung auf die geplante Ausführungszeit geregelt. Aufgrund solcher Fälle werden die Ausführungsfristen verlängert. Die Berechnung der Fristverlängerung wird in § 6 Abs. 4 geregelt. Im Falle einer versäumten Behinderungsanzeige müssen die Rechtsfolgen außerordentlich dargelegt werden. (Vgl. ebda)

Entsprechend § 6 Abs. 3 VOB/B muss der Auftragnehmer während der Behinderungsphase alles dafür tun, um seine Arbeit fortsetzen zu können – solange ihm dieses zugemutet werden kann. Nach Beendigung der Behinderung hat der Aufragnehmer die Pflicht seine Arbeit unmittelbar wieder aufzunehmen. Des Weiteren ist er dazu verpflichtet den Auftraggeber darüber in Kenntnis zu setzen. (Vgl. ebda)

Die finanziellen Folgen einer Behinderung für den Auftraggeber aber auch für den Auftragnehmer werden in § 6 Abs. 6 geregelt. Gemäß einer Rechtsprechung des Bundesgerichtshofes wurde eingeführt, dass der Auftragnehmer Schadensersatz nach § 642 Satz 1 BGB oder Entschädigung nach § 642 Satz 2 BGB fordern darf. Maßgebende Unterschiede zwischen Schadensersatz und Entschädigung sind:

- In Übereinstimmung mit § 642 Satz 1 BGB - Mitwirkung des Bestellers - kann Schadensersatz nur dann vom Auftragnehmer verlangt werden, wenn die Behinderung durch den Auftraggeber verursacht wurde. In diesem Fall muss nicht der Auftragnehmer beweisen, dass der Auftraggeber für die Behinderung verantwortlich ist, sondern der Auftraggeber muss aufzeigen, dass er die Behinderung der Arbeiten nicht zu verantworten hat. Entschädigung gemäß § 642 Satz 2 BGB hingegen, kann der Auftraggeber auch dann fordern wenn der Auftragnehmer nicht Schuld an der Behinderung ist. (Vgl. ebda)

- Satz 1 und 2 des § 642 BGB haben verschiedene Voraussetzungen: Stammt eine Behinderung aus dem Risikobereich des Auftraggebers genügt dieses schon um Schadensersatz gemäß § 6 Abs. 6 Satz 1 VOB/B zu fordern. Unterlässt der Auftraggeber eine Mitwirkungshandlung und sind zudem die Voraussetzungen des Annahmeverzuges erfüllt, greifen § 6 Abs. 6 Satz 2 VOB/B und § 642 BGB. Behindert der Auftraggeber jedoch aktiv die Ausführung z.B. durch rechtswidrige Anordnung wird dieses nicht durch § 642 BGB geregelt. In dem Fall hat der Auftragnehmer

Anspruch auf Schadenersatz gemäß § 6 Abs. 6 Satz 1 VOB/B oder kann wahlweise seine Ansprüche als „sonstige Anordnung" entsprechend § 2 Abs. 5 VOB/B geltend machen.

- Der Auftraggeber kann seine Ansprüche auf Schadensersatz gegenüber dem Auftragnehmer ebenfalls durch § 6 Abs.6 Satz 1 VOB/B geltend machen.

Laut § 6 Abs. 7 können beide Vertragsparteien den Vertrag schriftlich kündigen, wenn die Behinderung der Ausführung länger als drei Monate dauert. Außerdem werden in Absatz 7 die Folgen der Abrechnung geregelt. Zudem haben beide Parteien gemäß § 6 Abs. 5 VOB/B die Berechtigung eine Zwischenabrechnung für die bis dahin erfüllten Leistungen zu bekommen. (Vgl. ebda)

## 3. Allgemeine Definition der Behinderung gemäß § 6 VOB/B

In erster Linie sind Behinderungen Störungen mit negativen Folgen. Diese Störungen haben Einfluss auf den Fertigungsprozess der zwischen Auftragnehmer und Auftraggeber vertraglich abgeschlossen wurde. Behinderungen die den Bauablauf stören gehen nicht nur vom Auftragnehmer aus, sondern können auch vom Auftraggeber verursacht werden. Die Darlegung einer Störung lässt also nicht über deren Verursachen urteilen und ist auch nicht auf die vertraglichen Absprachen zu beziehen. Geänderte oder zusätzliche Leistungen sind z.b. Abweichungen vom geplanten Bau-Soll, sie haben dennoch keine negativen Folgen auf den Produktionsablauf. Daher sind diese als Störung und nicht als Behinderung zu verstehen. Gleiches gilt für beachtliche Mehr- oder Mindermengen entsprechend § 2 Abs. 3 VOB/B. Anordnungen durch den Auftraggeber die den zeitlichen Ablauf des Projektes stören z.b. ein angeordneter Baustopp sind ebenfalls eine Störung und keine Behinderung. Störungen werden also nicht nur durch unterlassene Mitwirkung des Auftraggebers verursacht. Für den Auftragnehmer kann eine sogenannte Störung Folgen auf die geplante Bauzeit oder die geplanten Kosten haben. Dies ist allerdings nicht zwingend der Fall, z.B. dann wenn die vertraglich geregelte Planlieferfrist so früh in der Ausführungsphase terminiert ist, dass eine Nichteinhaltung dieser Frist keine Störung auf die Ausführung der Arbeiten hat. Zusätzliche Leistungen können einen Mehrbedarf an Zeit zur Folge haben, wenn sie den zeitlichen Ablauf des Projekts beeinflussen. Diese Folgen müssen ebenso keine Störung sein. Finanzielle Folgen wie Mehrkosten, die als zusätzliche Leistungen auf vertraglich erlaubter Anordnung des Auftraggebers anfallen gehören nicht in den Zusammenhang mit „Behinderungen". Finanzielle Folgen werden über den Mehrvergütungsanspruch gemäß § 2 Abs. 6 VOB/B erfasst und nicht über die Schadensersatzansprüche nach § 6 Abs. 6 VOB/B geregelt. (Vgl. Kapellmann und Schiffers: Vergütung, Nachträge und Behinderungsfolgen beim Bauvertrag, Band 1: Einheitspreisvertrag, 6. Auflage, Werner Verlag, Köln 2011, S. 563 – 567)

Als Behinderung sind nur negative Folgen für den Produktionsablauf zu verstehen. Der Produktionsablauf wird vom Auftragnehmer im Rahmen der vertraglichen Reglungen festgelegt. Dieser entscheidet ob Leistungen als Teilleistungen erstellt werden, wie sie erstellt werden und welche der Vorgänge gleichzeitig gefertigt werden. Ob eine Störung wirklich eine Störung ist hängt also davon ab, wie der Auftragnehmer seinen Ablauf geplant hat. Werden die vertraglichen Vorgaben vom Auftragnehmer nicht eingehalten sind Störungen, die auf dem Produktionsablaufplan basieren rechtlich nicht relevant. Eine Behinderung kann zwei Arten von negativen Folgen haben: Zum einen können zeitliche Folgen entstehen wie z.b. Fristüberschreitungen. Zum anderen können finanzielle Folgen für den Auftragnehmer entstehen. Diese finanziellen Folgen können Mehrkosten bedeuten. Mehrkosten sind z.b. durch die Störung verursachtes stillstehendes Personal. Für den Auftraggeber können Mindereinnahmen wie z.b. Mietausfälle die Folge sein. (Vgl. ebda)

Störungen und Behinderungen kann man in drei verschiedene Kategorien einteilen:

- Störungen (Behinderungen), die vom Auftragnehmer verursacht worden sind, sind z.b. fehlendes Baustellenpersonal. Behinderungen durch den Auftragnehmer sind rechtlich gesehen irrelevant und werden daher nicht direkt in § 6 VOB/B geregelt. Der Auftragnehmer ist selbst verantwortlich für die Probleme die unter seinen Risikobereich fallen. Durch z.b. zu langsames Arbeiten seiner Arbeitnehmer verlängert sich nicht die Ausführungsfrist und er kann auch keine Schadensersatzansprüche stellen, sondern er muss für die Zeit- und Kostenfolgen des Auftraggebers finanziell haften. (Vgl. ebda)

- Störungen (Behinderungen) die durch den Auftraggeber verursacht wurden, wie z.B. fehlende Ausführungspläne können zur Fristverlängerung gemäß § 6 Abs. 2 Nr.1 VOB/B durch den Auftragnehmer führen. Wie schon oben unter Punkt 2. Gesetzliche Grundlage § 6 beschrieben hat der Auftragnehmer dann Anspruch auf Schadensersatz. Hat der Auftraggeber die Behinderung nicht zu verschulden kann der Auftragnehmer Entschädigungsansprüche geltend machen. Vollen Schadensersatz muss der Auftraggeber nur dann leisten, wenn er unter Vorsatz oder grob fahrlässig gehandelt hat. Bei normaler oder leichter Fahrlässigkeit muss er Schadensersatz ohne entgangenem Gewinn leisten. Zudem gibt es Entschädigungsansprüche, die nicht vom Verschulden des Auftraggebers abhängig sind. (Vgl. ebda)

- Störungen (Behinderungen), die von keiner der beiden Parteien verursacht worden sind, sind z.b. Unwetterfolgen oder ein Streik. Bei diesen Störungen (Behinderungen) die von keiner der beiden Parteien verursacht wurde muss jeder der beiden seinen finanziellen Schaden selbst tragen. Einzelne können aber zu einer Verlängerung der Ausführungsfrist für den Auftragnehmer führen. Gemäß VOB kann aber keine dieser

Störungen oder Behinderungen zu finanziellen Ansprüchen des Auftragnehmers führen. Sollte allerdings eine Behinderung durch einen Mangel eines vom Auftraggeber gelieferten „Stoffes" wie z.b. das Grundstück entstehen, hat er die Behinderung zwar genaugenommen nicht verursacht, ungeachtet davon fällt diese Behinderung gemäß § 645 BGB aber unter seinen Risikobereich. Dieser nicht in der VOB/B geregelte Sonderfall hat dann nicht nur zeitliche sondern auch finanzielle Folgen die der Auftraggeber gegenüber dem Auftragnehmer tragen muss. (Vgl. ebda)

## 4. Anzeige oder Offenkundigkeit der Behinderung

### 4.1 Rechtliche Folgen einer unterlassenen Anzeige oder fehlender Offenkundigkeit

Wie bereits in Kapitel 2. Gesetzliche Grundlage gemäß § 6 VOB/B beschrieben muss der Auftragnehmer eine Behinderung, die nicht offenkundig ist, anzeigen. Zeigt er diese Behinderung nicht unverzüglich und schriftlich an, hat er keine Ansprüche auf Fristverlängerung, Schadensersatz oder Entschädigung. Angezeigt werden müssen alle Behinderungen die zeitverzögernde oder erhöhte Kosten zur Folge auf den Produktionsablauf haben. Wie ebenfalls schon beschrieben gehören auch vom Auftragnehmer verursachte Unterbrechungen zu den Behinderungen, für diese besteht aber weitestgehend keine Anzeigepflicht gemäß § 6 Abs. 1 VOB/B, da er keinen Anspruch auf „Berücksichtigung der der hindernden Umstände" gemäß § 6 Abs. 1 VOB/B hat. Deren Beachtung ist aber die Absicht einer Anzeige. (Vgl. Kapellmann und Schiffers: Vergütung, Nachträge und Behinderungsfolgen beim Bauvertrag, Band 1: Einheitspreisvertrag, 6. Auflage, Werner Verlag, Köln 2011, S. 569 – 570)

Zusammengefasst heißt das, dass der Auftragnehmer ohne eine Anzeige seine Ansprüche auf Fristverlängerung, Behinderungsschadensersatz oder Entschädigung nicht geltend machen kann. (Vgl. ebda)

Dass der Auftragnehmer eine Fristverlängerung ohne Anzeige nicht durchsetzen kann ist für ihn nicht weiter interessant, da er eine „Zeitverlängerung" nicht unmittelbar benötigt. Dies wird für den Auftragnehmer nur interessant und es nützt ihm auch nur etwas, wenn er die Ansprüche des Auftraggebers auf Fristüberschreitung abwenden will. In diesem Fall könnte eine unterlassene Anzeige Verzugsschadenersatz, Vertragsstrafe für Verzögerung oder eine Kündigung aus wichtigem Grund zur Folge haben. (Vgl. ebda)

### 4.2 Die Anzeige

Die Anzeige hat zum Zweck den Auftraggeber über Störungen zu informieren und gegebenenfalls diese zu beseitigen. Anhand der Anzeige müssen dem Auftraggeber die Gründe der Anzeige deutlich werden. Wie schon im Kapitel vorher erwähnt ist es vom Auftragnehmer gewagt auf eine Anzeige zu verzichten. Auch sollte der Tatbestand der Offenkundigkeit nicht zu weit ausgereizt werden, da dadurch die eigene

Verhandlungsposition geschwächt wird. Dies wird durch den § 6 Abs. 1 VOB/B nochmals verdeutlicht in dem steht, dass der Auftragnehmer eine Anzeige schalten soll, sobald der sich behindert „glaubt". Die Behinderungsanzeige muss laut § 6 Abs. 1 Satz 1 VOB schriftlich erfolgen. Ausnahmefälle erlauben auch eine mündliche Form der Behinderungsanzeige, solange der Auftragnehmer beweisen kann, dass er den Auftraggeber informiert hat. Die Behinderungsanzeige muss immer an den Auftraggeber oder an seinen rechtsgeschäftlichen Vertreter gerichtet sein. Der Inhalt der Behinderungsanzeige muss die Tatsachen und die Wirkung wiedergeben, wie die maßgeblichen Umstände (Grund der Störung), die hindernde Wirkung (Auswirkung der Störung) und die voraussichtliche Dauer (Zeitraum der Störung). Die Angabe des etwaigen Ersatzanspruches des Auftragnehmers ist hier nicht erforderlich. Im Folgenden ist ein Muster einer Behinderungsanzeige zu sehen:

| | |
|---|---|
| Auftraggeber:<br>.....................<br>.....................<br>..................... | Ort, Datum |

Bauvorhaben:     .........................
Leistung:        .........................
Bauteil:         .........................
Bauabschnitt:    .........................

**Behinderungsanzeige gemäß § 6 Abs. 1 VOB/B**

Sehr geehrte Damen und Herren,

gemäß § 6 Abs. 1 VOB/B ist der Auftragnehmer verpflichtet, dem Auftraggeber unverzüglich schriftlich Anzeige zu erstatten, wenn er sich in der ordnungsgemäßen Ausführung der vertraglichen Leistung behindert glaubt.

Derartige hindernde Umstände sind eingetreten, weshalb wir hiermit Behinderung anzeigen wegen:

**[Konkretisierung der hindernden Umstände + Auswirkung auf Leistung Auftragnehmer]**

Wir werden die Arbeiten wieder aufnehmen, sobald die hindernden Umstände wegfallen.

Wir weisen darauf hin, dass uns gemäß § 6 Abs. 2 VOB/B und § 6 Abs. 4 VOB/B eine Fristverlängerung zusteht, die wir zur gegebenen Zeit gesondert beantragen werden.

Mit freundlichen Grüßen

...............................
Unterschrift Auftragnehmer/
Bevollmächtigter Vertreter

Abb. 1: Muster einer Behinderungsanzeige

In Folge der Behinderungsanzeige ist der Auftraggeber nicht dazu verpflichtet Stellung zu nehmen. Dennoch ist es ratsam für beide Seiten Kontakt miteinander aufzunehmen um gegebenenfalls das weitere Vorgehen zu besprechen wie z.B. eine Verlängerung der

Bauzeit. (Vgl. Kanzlei am Steinmarkt: Rundschreiben 12/2014 Thema: Behinderungsanzeige nach VOB/B Baurecht, http://www.kanzlei-am-steinmarkt.de/files/Newsletter/2014/12-2014%20Behinderungsanzeige%20nach%20VOB-B%20-%20Baurecht.pdf, letzter Zugriff 11.12.2016)

### 4.3 Offenkundigkeiten

Wie schon in Kapitel 2. Gesetzliche Grundlage gemäß § 6 VOB/B erläutert kann von einer Behinderungsanzeige abgesehen werden, wenn die Tatsache der Behinderung dem Auftraggeber offenkundig bekannt war. Laut § 291 der ZPO sind Tatsachen offenkundig, wenn sie dem Gericht bekannt sind. Für das Gericht kann aber auch jemand oder eben der Auftraggeber eingesetzt werden. Zudem sind Tatsachen für den Auftraggeber offenkundig, wenn er zweifellos über die behindernden Umstände informiert ist und den daraus folgenden Auswirkungen mit erforderlicher Klarheit zur Kenntnis genommen hat oder die Umstände für einen in der Baubranche Tätigen klar zu erkennen und zu verstehen sind. Es reicht also wenn die die Behinderung und deren Wirkung klar zu sehen sind auch wenn sie vom Auftraggeber nicht zur Kenntnis genommen oder nicht beachtet werden. (Vgl. Kapellmann und Schiffers: Vergütung, Nachträge und Behinderungsfolgen beim Bauvertrag, Band 1: Einheitspreisvertrag, 6. Auflage, Werner Verlag, Köln 2011, S. 572 - 573)

## 5. Ansprüche des Auftragnehmers auf Fristverlängerung

### 5.1 Automatische Fristverlängerung

Wenn der Beginn und das Ende der Behinderung feststehen verlängert sich die Ausführungsfrist „automatisch" für den Zeitraum der Unterbrechung. Voraussetzung hierfür ist, dass eine angezeigte oder offenkundige Behinderung der Ausführung vorliegt. Eine solche „automatische" Fristverlängerung bedarf keiner Zustimmung von Seiten des Auftraggebers, da durch die gesetzliche Reglung der VOB/B bereits geklärt ist, dass der Auftragnehmer durch eine Behinderungsanzeige die Verlängerung der Ausführungsfrist bewirkt. (Vgl. Kapellmann und Schiffers: Vergütung, Nachträge und Behinderungsfolgen beim Bauvertrag, Band 1: Einheitspreisvertrag, 6. Auflage, Werner Verlag, Köln 2011, S. 584)

### 5.2 Streik, Aussperrung

Wird eine Behinderung der Ausführung durch einen Streik oder eine Aussperrung im Unternehmen des Auftragnehmers oder in einem Subunternehmen welches vom Auftragnehmer beauftragt wurde verursacht, ist eine Offenkundigkeit der Behinderung immer zu bejahen, da das zeitliche Risiko durch die VOB/B nur dem Auftraggeber zugewiesen wird. (Vgl. ebda)

Das finanzielle Risiko wird hingegen von beiden Parteien getragen. (Vgl. Kapellmann und Schiffers: Vergütung, Nachträge und Behinderungsfolgen beim Bauvertrag, Band 1: Einheitspreisvertrag, 6. Auflage, Werner Verlag, Köln 2011, S. 586)

## 5.3. Höhere Gewalt, unabwendbare Umstände

Bei den Aspekten höhere Gewalt oder unabwendbaren Umständen werden die Ausführungsfristen ebenfalls verlängert. Dies ist in § 6 Abs. 2 Nr. 1 VOB/B geregelt. (Vgl. Kapellmann und Schiffers: Vergütung, Nachträge und Behinderungsfolgen beim Bauvertrag, Band 1: Einheitspreisvertrag, 6. Auflage, Werner Verlag, Köln 2011, S. 584 - 585)

Höhere Gewalt liegt vor, wenn eine Behinderung durch nicht vorhersehbare Naturereignisse (z.B. Überflutungen, extreme Temperaturereignisse oder Erdbeben) oder durch Handlungen Dritter verursacht worden sind und nicht mit angemessenen finanziellen Mitteln oder durch zu erwartender Sorgfalt zu verhindern war oder die Auswirkung auf ein erträgliches Maß reduziert werden konnte. Höhere Gewalt wird ausgeschlossen wenn jegliches Verschulden des Auftragnehmers vorliegt. (Vgl. ebda)

Unabwendbare Umstände sind für den Auftragnehmer unvorhersehbare Ereignisse die ebenfalls wie Behinderungen durch höhere Gewalt nicht mit angemessenen finanziellen Mitteln oder durch zu erwartende Sorgfalt verhindert werden hätte können oder deren Auswirkung bis auf ein erträgliches Maß reduziert werden konnte. Ein Beispiel für einen unabwendbaren Umstand wäre z.B. eine Beschädigung eines bereits fertiggestellten Bauteils durch unbekannte Dritte. Des Weiteren ist auch eine nicht ausgeführte Leistung eines Vorunternehmers ein unabwendbarer Umstand. (Vgl. ebda)

Schlechtwettertage, verursacht durch Witterungseinflüsse wie z.B. Eis, Kälte, starker Regen oder Sturm mit denen bei Abgabe des Angebotes zu rechnen waren gelten gemäß § 6 Abs. 2. Nr. 2 VOB/B nicht als Behinderung und führen auch nicht zu Fristverlängerungen. (Vgl. Zanner, Saalbach und Viering,: Rechte aus gestörtem Bauablauf nach Ansprüchen, Springer Vieweg, Wiesbaden 2014, S. 25)

Wie auch schon beim Streik oder der Aussperrung wird das zeitliche Risiko dem Auftraggeber zugewiesen, das heißt die Ausführungsfristen werden verlängert. Das finanzielle Risiko einer Fristverlängerung tragen der Auftraggeber und der Auftragnehmer selbst. (Vgl. Kapellmann und Schiffers: Vergütung, Nachträge und Behinderungsfolgen beim Bauvertrag, Band 1: Einheitspreisvertrag, 6. Auflage, Werner Verlag, Köln 2011, S. 585 - 586)

Eine schon fertiggestellte Teilleistung, die durch höhere Gewalt oder durch einen unabwendbaren Umstand zerstört wurde, wird dem Auftragnehmer laut § 7 VOB/B voll vergütet. Außerdem ist der Auftragnehmer dazu verpflichtet die zerstörte Teilleistung wieder herauszustellen, wenn dies gefordert ist. Für die Wiederherstellung erhält der Auftragnehmer die Vergütung als zusätzliche gesonderte Leistung. Eine Mehrvergütung gemäß § 645 BGB erhält der Auftragnehmer wenn sich die höhere Gewalt als Erschwernis der Leistung auswirkt. (Vgl. ebda)

### 5.4. Umstände aus dem Risikobereich des Auftraggebers

Unter die Umstände aus dem Risikobereich des Auftraggebers fallen alle Behinderungen, die durch das Verschulden des Auftraggebers verursacht wurden. Geregelt ist dies in § 6 Abs. 2 Nr. 1 VOB/B. Hierzu zählen unter anderem die verspätete oder versäumte Übergabe von Plänen oder Ausführungszeichnungen, die vom Auftraggeber bereitzustellen sind. Dies gilt auch, wenn öffentlich-rechtliche Genehmigungen nicht erteilt wurden. (Vgl. Zanner, Saalbach und Viering: Rechte aus gestörtem Bauablauf nach Ansprüchen, Springer Vieweg, Wiesbaden 2014, S. 24)

### 5.5. Berechnung der Fristverlängerung

In § 6 Abs. 4 der VOB/B heißt es: „Die Fristverlängerung wird berechnet nach der Dauer der Behinderung mit einem Zuschlag für die Wiederaufnahme der Arbeiten und die etwaige Verschiebung in eine ungünstigere Jahreszeit." (§ 6 Abs. 4 VOB/B)

Das heißt, dass zuerst der gesamte Zeitraum der Behinderung in die Berechnung der Fristverlängerung einkalkuliert wird, in der der Auftragnehmer seine Arbeiten nicht ordnungsgemäß ausführen konnte. Hinzu wird dem Auftragnehmer ein zusätzlicher Zeitraum gewährt, den er benötigt um seine Arbeiten wieder aufzunehmen. Sollte sich die Bauzeit in einen von den Witterungsverhältnissen schlechteren Zeitraum verschieben wird auch dieser Aspekt bei der Berechnung berücksichtigt. (Vgl. Zanner: VOB/B nach Ansprüchen, 4. Auflage, Vieweg+ Teubner Verlag, Wiesbaden 2011, S. 45)

## 6. Ansprüche des Auftragnehmers auf Schadensersatz oder Entschädigung

### 6.1 Voraussetzungen auf Schadensersatz oder Entschädigung

Voraussetzung für Schadensersatzansprüche nach § 6 Nr. 6 VOB/B oder Entschädigungsansprüche nach § 642 BGB hat der Auftragnehmer gegenüber dem Auftraggeber wenn:

- Der Auftraggeber seine erforderliche Mitwirkungshandlung nicht fristgerecht vornimmt oder gar ganz unterlässt. Mintwirkungshandlungen des Auftraggebers können Vertragspflichten sein. Beispiele hierfür sind:
  - o Die Aushändigung von Plänen und/oder weiteren Ausführungsunterlagen,
  - o die Beschaffung der Baugenehmigung und
  - o die Bereitstellung von Lager-/Arbeitsplätzen, Zufahrtswegen und die Anschlüsse für Wasser und Strom.

Des Weiteren können aber auch nur bloße Obliegenheiten Mitwirkungshandlungen seitens des Auftraggebers sein. Hierzu zählen z.B.:

o Eine Sichererstellung der Finanzierung über die gesamte Zeit der Bauausführung. und

o die Beschaffung der Zustimmung der Grundstückseigentümer.

Verletzt der Auftraggeber seine Vertragspflichten kann der Auftragnehmer Ansprüche auf Schadensersatz oder auf Entschädigung geltend machen. Beim Unterlassen sonstiger Obliegenheiten kann der Auftragnehmer nur Entschädigungsansprüche geltend machen. (Vgl. gpa Baden- Württemberg: GPA – Mitteilung Bau 1/2017, https://www.gpabw.de/fileadmin/user_upload /pdf/GPA_Mitteilungen_BAU/2007/Mib012007.pdf, Zugriff 18.12.2016, S. 3 - 6)

- Der Auftraggeber in Annahmeverzug gerät, das heißt, wenn er die angebotene Leistung seitens des Auftragnehmers verspätet oder gar nicht annimmt. Das Leistungsangebot muss hierfür nicht schriftlich abgeben werden. Es reicht wenn der Auftragnehmer seine Leistungsbereitschaft mündlich oder stillschweigend zum Ausdruck bringt. Es reicht also wenn der Auftragnehmer seine Mitarbeiter und Geräte auf der Baustelle zur Verfügung stellt. Zieht der Auftragnehmer seine Mitarbeiter und Geräte von der Baustelle ab um anderweitige Arbeiten durchzuführen führt dies nicht zu einem Annahmeverzug.

Außerdem setzt ein Annahmeverzug Leistungsberechtigung voraus d.h. der Auftragnehmer muss zum Zeitpunkt der Unterlassungshandlung berechtigt gewesen sein seine Leistungen auszuführen. Außerdem setzt er Leistungsvermögen seitens des Auftragnehmers voraus.

Wenn der Auftragnehmer schuldhaft handelt oder Vertragspflichten verletzt scheidet Annahmeverzug aus. (Vgl. ebda)

- Durch die unterlassene Mitwirkungshandlung oder den Annahmeverzug Mehrkosten auf den Auftraggeber zurück zu führen sind. (Vgl. ebda)

**6.2 Höhe des Schadensersatzanspruchs**

Laut § 6 Abs. 6 Satz. 1 VOB/B hat der Geschädigte Anspruch auf Ersatz, auf den nachweislich entstandenen Schaden, wenn die hindernden Umstände auf die andere Vertragspartei zurückzuführen sind. Die Differenz zwischen der Vermögenslage ohne das schädigende Ereignis und dem Schaden der durch die Behinderung entstanden ist stellt den Schaden dar, der erstattet wird. Anspruch auf den Ersatz des entgangenen Gewinns gemäß § 6 Abs. 6 Satz 1, 2. Halbsatz VOB/B besteht jedoch nur bei Vorsatz oder grober Fahrlässigkeit des Verursachers. Von vorsätzlichem Handeln spricht man, wenn ein eventueller Schaden ohne Pflichtgefühl bewusst in Kauf genommen wurde. Von grober Fahrlässigkeit wird hingegen gesprochen, wenn die notwendige Sorgfalt nicht beachtet wurde. (Vgl. Zanner, Saalbach und Viering: Rechte aus gestörtem Bauablauf nach Ansprüchen, Springer Vieweg, Wiesbaden 2014, S. 34)

Der Geschädigte hat die Pflicht die Höhe des Schadens möglichst genau zu dokumentieren und ausführlich zu erklären. Besonders schwierig ist dies meistens bei Mehrforderungen des Auftragnehmers wie z.B. für den gestörten Bauablauf oder Beschleunigungsmaßnahmen. Aus diesen Gründen sollen Mehrkosten wie Beschleunigungsmaßnahmen schon während der Ausführung dokumentiert werden. (Vgl. ebda)

### 6.3 Höhe der Entschädigung

Gemäß § 642 BGB kann der Auftragnehmer entstandene Mehrkosten durch eine Verzögerung geltend machen. (Vgl. Zanner, Saalbach und Viering: Rechte aus gestörtem Bauablauf nach Ansprüchen, Springer Vieweg, Wiesbaden 2014, S. 38)

§ 642 BGB laute wie folgt: „(1) Ist bei der Herstellung des Werkes eine Handlung des Bestellers erforderlich, so kann der Unternehmer, wenn der Besteller durch das Unterlassen der Handlung in Verzug der Annahme kommt, eine angemessene Entschädigung verlangen. (2) Die Höhe der Entschädigung bestimmt sich einerseits nach der Dauer des Verzugs und der Höhe der vereinbarten Vergütung, andererseits nach demjenigen, was der Unternehmer infolge des Verzugs an Aufwendungen erspart oder durch anderweitige Verwendung seiner Arbeitskraft erwerben kann." (§ 642 BGB)

In Abs. 1 des § 642 BGB wird dem Geschädigten eine Entschädigung gewährt. Diese Entschädigung ist dem Schadensersatzanspruch vergütungsähnlich. Die Kalkulation des Auftragnehmers ist hierfür die Grundlage der Kalkulation um die Höhe des Anspruches zu ermitteln. Des Weiteren kann der Auftragnehmer einen Anspruch auf wartezeitbedingte Mehrkosten geltend machen, die er bei der Abgabe des Angebots nicht mit kalkulieren konnte. Grundsätzlich soll ihm die Entschädigung einen Ausgleich dafür bieten, dass er sein Personal und Kapital zur Verfügung gestellt hat. Um seinen Anspruch darzustellen muss der Auftragnehmer die einzelnen Behinderungszeiträume und ihre Auswirkung nachvollziehbar darstellen. Dazu gehört auch darzustellen, welche zeitliche Differenz sich zwischen einem gestörtem und ungestörtem Bauablauf ergibt. Es reicht also nicht aus die Verzögerung und die Stillstandszeiten sowie die Vorhaltekosten darzustellen. Nach § 287 ZPO ist aber eine Schätzung des Behinderungszeitraums möglich. Die Höhe der Entschädigung wird an Hand der vom Auftragnehmer vertraglich vereinbarten Vergütung berechnet. (Vgl. Zanner, Saalbach und Viering: Rechte aus gestörtem Bauablauf nach Ansprüchen, Springer Vieweg, Wiesbaden 2014, S. 38)

„Zur Ermittlung der Höhe ergibt sich auf Grundlage der Kalkulation und des baubetrieblich nachgewiesenen Zeitraums des Annahmeverzuges nach der Entscheidung des Kammergerichts folgende Berechnung:

**Beispiel:**

Hat der Auftragnehmer für die Baustellengemeinkosten bei einer Bauzeit von zehn Monaten nach der Kalkulation Kosten von 100.000 € kalkuliert, ist über einen Dreisatz die Höhe der Entschädigung zu ermitteln. Hat sich beispielsweise die Bauzeit im vorgenannten Beispiel von zehn Monaten auf zwölf Monate verlängert, d. h. um zwei Monate und hat, wie in dem Beispiel dargestellt, der Auftragnehmer pro Monat 10.000 € für die Baustellengemeinkosten kalkuliert, ergeben sich dann für den Entschädigungsanspruch Baustellengemeinkosten in Höhe von 2 u 10.000 €, somit insgesamt von 20.000 €. Damit sind die wartezeitbedingten Mehrkosten zutreffend ermittelt. Dies gilt auch für allgemeine Geschäftskosten, nicht jedoch für Wagnis und Gewinn."

(Zanner, Saalbach und Viering: Rechte aus gestörtem Bauablauf nach Ansprüchen, Springer Vieweg, Wiesbaden 2014, S. 38 - 39)

Wie schon unter Kapitel 5.2 erwähnt, werden die Mehrkosten aus Streik oder Aussperrung von jeder Vertragspartei selbst getragen. Dies zählt auch für Mehrkosten durch höhere Gewalt oder andere unabwendbare Umstände für den Auftragnehmer. (Vgl. Zanner, Saalbach und Viering: Rechte aus gestörtem Bauablauf nach Ansprüchen, Springer Vieweg, Wiesbaden 2014, S. 39)

# 7. Ansprüche des Auftragnehmers auf vorläufige Abrechnung während einer Unterbrechung

## 7.1. Definition Unterbrechung

Eine Unterbrechung kann nach § 6 Abs. 5 VOB/B nur eintreten, wenn die Arbeiten schon vom Auftragnehmer aufgenommen wurden. Der Unterschied zur Behinderung, bei der die Arbeiten teilweise oder eingeschränkt fortgeführt werden können ist, dass bei einer Unterbrechung die Wiederaufnahme der eingestellten Tätigkeit vorerst nicht in Sicht ist. (Vgl. Zanner: VOB/B nach Ansprüchen, 4. Auflage, Vieweg+ Teubner Verlag, Wiesbaden 2011, S. 54)

## 7.2 Vorläufige Abrechnung

Bei einer Unterbrechung die voraussichtlich länger dauert und einer Wiederaufnahme der Arbeiten nicht ins Sicht ist, kann der Auftragnehmer schon erbrachte Teilleistungen vorläufig nach der Vertraglich geregelten Preisen abrechnen. Dadurch entsteht eine Teilfälligkeit für die bis dato erbrachten Leistungen. Der Vertrag bleibt aber weiterhin bestehen. Des Weiteren kann der Auftragnehmer auch die Kosten abrechnen, die schon im Hinblick auf die Gesamtleistung angefallen sind. Das sind z.B. Kosten für:

- Teile die bereits vorgefertigt sind,
- Wachpersonal während der Unterbrechung und

- Mitarbeiter und Geräte, die nicht anderswo eingesetzt werden können.

Bei einer Unterbrechung von mehr als drei Monaten können beide Parteien, also der Auftragnehmer sowie der Auftraggeber den Vertrag gemäß § 6 Abs. 7 VOB/B außerordentlich kündigen. (Vgl. Zanner: VOB/B nach Ansprüchen, 4. Auflage, Vieweg+Teubner Verlag, Wiesbaden 2011, S. 54 - 55)

## 8. Fazit

Um sich ein Grundverständnis über das bearbeitete Thema zu verschaffen ist es vor allem wichtig sich mit dem Gesetzestext der VOB/B auseinander gesetzt zu haben, da in diesem alle grundlegenden Rechte und Pflichte festgelegt sind.

Des Weiteren lässt sich zusammenfassend zu dem Thema sagen, dass eine Behinderung meist eine Störung mit negativen Folgen ist. Eine Störung kann ich drei verschiedene Kategorien eingeteilt werden:

- Behinderungen ausgelöst durch den Auftragnehmer,
- Behinderungen ausgelöst durch den Auftraggeber und
- Behinderungen ausgelöst durch keine der beiden vorher genannten Parteien.

Im Falle einer Behinderung sollte auf eine Anzeige von Seiten des Auftragnehmers nicht verzichtet werden da sonst etwaige Ansprüche entfallen. Die Grundregeln und die Formerfordernisse sollten eingehalten und beachtet werden. Der Auftragnehmer sollte die Anzeige als Information sehen um rechtzeitig eingreifen zu können und nicht als Grundlage für die Ansprüche des Auftragnehmers fehlinterpretieren. (Vgl. Kanzlei am Steinmarkt: Rundschreiben 12/2014 Thema: Behinderungsanzeige nach VOB/B Baurecht, http://www.kanzlei-am-steinmarkt.de/files/Newsletter/2014/12-2014%20Behinderungsanzeige%20nach%20VOB-B%20-%20Baurecht.pdf, letzter Zugriff 11.12.2016)

Bezüglich der Ansprüche des Auftragnehmers lässt sich folgendes zusammenfassen: Schadensersatzansprüche durch Behinderungen werden für beide Parteien in § 6 Abs.6 Satz 1 versucht einzuschränken. Vollen Schadensersatz muss der Behindernde dem Behinderten aber nur dann zahlen wenn die Behinderung unter Vorsatz oder durch grobe Fahrlässigkeit zustande gekommen ist. Anders ist es bei normaler oder leichter Fahrlässigkeit: In dem Fall muss zwar auch Schadensersatz geleistet werden aber ohne den entgangenen Gewinn. Ausgenommen der Schadensersatzansprüche gibt es jedoch noch die Entschädigungsansprüche nach § 6 Abs. 6 Satz 2 VOB/B die kein Verschulden voraussetzen. Zusätzlich lässt sich noch einmal fixieren, dass jeder Anspruch auf Entschädigung oder Schadensersatz auch gleichzeitig das Recht auf Fristverlängerung gewährt. Andersherum führt aber eine Verlängerung der Frist nicht gleich zu einem Anspruch auf Entschädigung oder Schadensersatz. (Vgl. Kapellmann und Schiffers: Vergütung,

Nachträge und Behinderungsfolgen beim Bauvertrag, Band 1: Einheitspreisvertrag, 6. Auflage, Werner Verlag, Köln 2011, S. 567)

Abschließend lässt sich festhalten, dass wenn eine Störung länger als drei Monate dauert hat der Auftragnehmer den Anspruch auf vorläufige Abrechnung. Der Vertag bleibt jedoch weiterhin bestehen.

## Quellenverzeichnis

**Monografien und Sammelbänder:**

- Prof. Dr. jur. Klaus D. Kapellmann und Univ.-Prof. Dr.-Ing. Karl-Heinz Schiffers: Vergütung, Nachträge und Behinderungsfolgen beim Bauvertrag, Band 1: Einheitspreisvertrag, 6. Auflage, Werner Verlag, Köln 2011

- Christian Zanner: VOB/B nach Ansprüchen: Entscheidungshilfen für Auftraggeber, Planer und Bauunternehmen 4. Auflage, Vieweg+ Teubner Verlag, Wiesbaden 2011

- Christian Zanner, Birthe Saalbach und Markus Viering: Rechte aus gestörtem Bauablauf nach Ansprüchen: Entscheidungshilfen für Auftraggeber, Auftragnehmer und Projektsteuerer, Springer Vieweg, Wiesbaden 2014

**Gesetzesbücher:**

- Beck-Texte im dtv, Bürgerliches Gesetzbuch, 78. Auflage, Deutscher Taschenbuchverlag, München 2016

- Beck-Texte im dtv, Vergabe- und Vertragsordnung für Bauleistungen, 31. Auflage, Deutscher Taschenbuchverlag, München 2015

**Internet:**

- gpa Baden- Württemberg: GPA – Mitteilung Bau 1/2017, https://www.gpabw.de/fileadmin/user_upload/pdf/GPA_Mitteilungen_BAU/2007/MibO 12007.pdf, Zugriff 18.12.2016

- Kanzlei am Steinmarkt: Rundschreiben 12/2014 Thema: Behinderungsanzeige nach VOB/B Baurecht, http://www.kanzlei-am-steinmarkt.de/files/Newsletter/2014/12-2014%20Behinderungsanzeige%20nach%20VOB-B%20-%20Baurecht.pdf, Zugriff 11.12.2016

(*Es wurde jeweils der letzte zeitliche Zugriff aufgeführt.)